EXPLORATION

SCIENTIFIQUE

DE LA TUNISIE

PUBLIÉE

SOUS LES AUSPICES DU MINISTÈRE DE L'INSTRUCTION PUBLIQUE

GÉOLOGIE

MISSION GÉOLOGIQUE

EN NOVEMBRE, DÉCEMBRE, JANVIER, FÉVRIER 1890-1891

JOURNAL DE VOYAGE

PAR

GEORGES LE MESLE

CORRESPONDANT DU MUSÉUM D'HISTOIRE NATURELLE
MEMBRE DE LA MISSION DE L'EXPLORATION SCIENTIFIQUE DE LA TUNISIE

PARIS

IMPRIMERIE NATIONALE

M DCCC XCIX

MISSION GÉOLOGIQUE

EN NOVEMBRE, DÉCEMBRE, JANVIER, FÉVRIER 1890-1891.

JOURNAL DE VOYAGE [1].

En 1881, M. Aubert, ingénieur des mines, avait recueilli quelques fossiles, assez frustes d'ailleurs, dans le Sud de la Tunisie; méconnus d'abord, M. Gauthier, notre savant collaborateur, leur trouva un facies jurassique; il était intéressant de vérifier si le système jurassique était réellement représenté dans l'extrême Sud tunisien, quelles étaient ses allures, ses rapports avec les gisements de la même période récemment signalés dans le centre de la Régence. Sur la demande de M. Doumet-Adanson, délégué à la direction de la Mission scientifique de la Tunisie, M. le Ministre de l'Instruction publique voulut bien me confier l'étude de ces questions.

Arrivé le 1er novembre 1890, à Tunis, j'y ai trouvé mon excellent maître et ami, M. Gaudry, membre de l'Académie des sciences, qui m'a prié si instamment de le guider au gisement miocène de Cherichira, où, le premier, M. Doumet-Adanson avait signalé la présence du Mastodonte, que je n'ai pas cru pouvoir lui refuser de l'accompagner dans cette excursion, cependant en dehors de mon programme.

Le massif du Cherichira est à une quarantaine de lieues de Tunis, au delà de Kairouan; son accès est difficile, et le temps dont pouvait disposer M. Gaudry des plus limités; aussi nos recherches ont été trop sommaires et nous avons dû nous borner à vérifier les différents points où l'on avait trouvé des ossements et la belle tête de *Mastodon Cherichirensis* recueillie par le colonel Finot; elle orne aujourd'hui les galeries de paléontologie du Muséum.

---

[1] Le présent Journal de voyage, qui paraît quatre années après la mort de l'auteur, est entièrement conforme au manuscrit revu et corrigé qu'il destinait à l'impression et qu'il avait envoyé, dans ce but, au regretté Doumet-Adanson, alors délégué à la direction de la Mission scientifique de Tunisie; aucune modification n'a été apportée au texte, et les coupes qui l'accompagnent ont été reproduites aussi fidèlement que possible.

G. BARRATTE,

Chargé de surveiller l'impression des documents relatifs
à la Mission scientifique de Tunisie.

2.

Nous avons pu aussi nous rendre compte de la position stratigraphique des nombreux débris de bois silicifiés signalés depuis longtemps dans la région; elle nous a semblé être miocène.

Ayant, en 1888, séjourné plusieurs jours au Cherichira, j'ai eu l'occasion, dans le *Journal de voyage* de ma seconde mission en Tunisie, de m'étendre assez longuement sur ce curieux massif, d'une composition si complexe; il avait, du reste, été précédemment étudié par notre collègue, M. Ph. Thomas, qui m'avait fourni à ce sujet de précieux renseignements.

Aussitôt mon retour à Tunis, j'ai été faire mes visites officielles au Résident, M. Massicault, au général Swincy, commandant la brigade d'occupation; leur accueil a été des plus sympathiques, et peu de jours après, je recevais de ces messieurs de chaudes lettres de recommandation pour les contrôleurs civils de la Régence et, ce qui m'était encore plus précieux, devant surtout opérer en territoire militaire, pour les officiers commandant les divers postes du Sud; mes vivres et mes transports se trouvaient ainsi, à peu près, assurés et c'est une question de majeure importance en Tunisie; je me mettais en route dans d'excellentes conditions.

Mon intention étant d'aborder le Sud de la Tunisie par Tebessa, Feriana, Gafsa et Nefta, afin de relier mon itinéraire à ceux de M. Ph. Thomas, je me suis rendu directement, par le chemin de fer, de Tunis à Tebessa.

Après quelques journées de recherches fructueuses sur la frontière, j'ai dû renoncer à poursuivre ma route plus avant vers Gafsa; le froid et la neige rendaient impossible, non seulement l'exploration, mais même la traversée du massif montagneux qui sépare Tebessa de Gafsa.

Forcé de retourner à Tunis, j'y ai pris le bateau de la Compagnie transatlantique, qui m'a conduit directement à Gabès.

De Gabès à Tataouïn.

Gabès, 17 décembre 1890. — Ce n'est réellement que de Gabès que je puis compter les débuts, sinon de mon exploration, au moins de ma mission; les moyens de transport sont difficiles à se procurer ici et j'ai à rattraper beaucoup de temps perdu; j'ai fini par trouver une espèce de calèche qui doit en deux jours me mener à Moudenin pour la somme exorbitante de 55 francs, moi et mes bagages.

Moudenin ou *Ksar-el-Moudenin*, 21 décembre. — Peu intéressante est la route de Gabès à Moudenin; le pays est plat, sableux, parfois caillouteux et rappelant alors les plaines de la Crau, complexe, sans doute, comme formation; des travertins en couches plus ou moins épaisses, des érosions puissantes, neptuniennes et éoliennes. On couche, à moitié chemin, dans la petite oasis de Mareth, où l'Administration de la guerre a établi un gîte.

Rien d'étonnant comme le Ksar El-Moudenin, le plus important des Ksour de la Régence, puisqu'il sert de magasin de réserve, de refuge à environ 20,000 nomades, de race berbère presque pure; c'est un amoncellement confus de petits réduits voûtés entassés les uns sur les autres, formant jusqu'à six ou sept étages, ayant, si j'osais dire, le facies vacuolaire ou mieux alvéolaire; on ne saurait mieux en comparer l'ensemble qu'à une énorme ruche éventrée ; c'est si grossièrement bâti qu'on ne conçoit pas comment cela peut tenir debout; il est vrai que le monticule sur lequel ce phénomène est échafaudé est formé par un gypse qui fournit un plâtre excellent d'une cuisson facile.

On accède à ces niches-greniers par des pierres passantes encastrées à des hauteurs variables dans la muraille extérieure, sortes d'escaliers primitifs impraticables pour tous autres que les indigènes.

L'établissement militaire français se trouve en face, à l'Est; de création toute récente, il n'est pas encore achevé, mais aura une grande importance au point de vue politique et stratégique.

A Moudenin, j'ai été reçu de la manière la plus affectueusement cordiale par M. Rébillet, commandant supérieur du Cercle, et par Mme Rébillet; j'y suis comme chez moi, mieux que chez moi, n'ayant pas à m'occuper des détails fastidieux de la vie matérielle. Les renseignements que veut bien me fournir le commandant Rébillet sont, pour moi, d'une grande valeur; personne mieux que lui ne connaît l'extrême Sud tunisien, qu'il a minutieusement exploré en topographe, en archéologue, en curieux intelligent; je m'attarderais volontiers ici, où j'ai tant à apprendre et où je me trouve si bien, mais j'ai hâte de me rendre à Tataouïn, qui doit pendant quelque temps être le centre de mes explorations.

22 décembre. — Une vraie tempête de siroco et d'un siroco glacial; le soleil est masqué par une poussière rougeâtre qui gêne une petite reconnaissance sommaire des environs immédiats du camp; le substratum est formé par un grès rouge en couches bien réglées sur lequel on voit des amoncellements de gypse, d'argile, très bouleversés; à mon retour j'aurai à étudier la genèse de ces dépôts dont je trouverai peut-être la clef dans les massifs du Sud. Les ordres sont donnés pour mon départ demain, mes préparatifs terminés et la tempête semble s'atténuer.

Tataouïn, 24 décembre. — Je suis arrivé hier soir, à 8 heures, ayant quitté Moudenin à 7 heures du matin; j'ai eu comme moyen de transport,

pour moi et mes bagages, une voiture d'ambulance gracieusement mise à
ma disposition par le commandant Rébillet; c'est un véhicule lourd, peu
approprié aux chemins sableux du pays; j'avais à faire 55 kilomètres et,
malgré un relais de mules qui m'attendait à Bir-el-Ahmar, j'ai dû faire
presque toute la route à pied et n'arrivai qu'en pleine nuit, presque
égaré, à Tataouïn, devançant encore mon convoi.

En sortant de Moudenin, on voit dans les ravinements les grès rouges
en assises puissantes; ils sont recouverts par une formation gypseuse,
par des argiles très remaniées et des traînées importantes de poudingue;
à Bir-el-Ahmar, les déblais d'un puits peu profond me montrent les
mêmes grès rouges, ici plus argileux; de ce point à Tataouïn, la route
traverse une région assez plate, formée de sables détritiques, d'apport
éolien. Tataouïn est le poste militaire le plus avancé au Sud vers la Tripolitaine, son camp retranché est en voie de construction.

L'accueil que j'y ai rencontré a été excellent, malgré l'absence du
lieutenant Cuinet, chef du Bureau des renseignements, auquel M. Rébillet avait bien voulu me recommander d'une manière toute particulière;
il est pour quelques jours en expédition sur la frontière tripolitaine, où,
suivant les instructions données à Moudenin, j'aurais pu le rejoindre;
mais j'ai craint de le manquer. Je désire faire plus tard cette excursion
quand j'aurai pu la préparer et être à même de la faire à loisir.

Environs de Tataouïn.

Tataouïn, 25 décembre. — La journée d'hier m'a fourni d'excellents
résultats; je suis monté, un peu au hasard, au poste optique du Tlalet
pour me rendre compte de l'orographie générale du pays, et me suis trouvé,
presque aussitôt, en présence d'un Ptérocérien des plus caractérisés, signé
par de nombreuses espèces ayant leurs similaires ou leurs analogues à
Châtel-Aillon, à Villerville, en Champagne : Nautiles, Natices, Ptérocères,
Nérinées, Mytiles, Céromyes, tiges de Crinoïdes, etc.; en choisissant, on
recueille de fort bons échantillons, munis de leur test, ce qui est rare
dans les gisements français contemporains et rendra peut-être plus difficile l'assimilation.

Les couches fossilifères sont presque horizontales avec un faible pendage vers le NO; elles sont formées de strates bien réglées de calcaires,
de marnes plus ou moins sableuses; cette régularité d'allures permet facilement de les suivre à l'œil, sur plusieurs kilomètres d'étendue, rien
que dans le massif du Tlalet; l'area des recherches est donc fort étendu
et me promet de fructueuses récoltes.

Le soir, à l'occasion de la fête de Noël, grande réunion au cercle des officiers; très gais d'abord, on s'est mis à parler de la France et, en songeant aux absents, aux réunions de famille, l'émotion a fini par nous gagner tous et nous nous séparions fort attendris, personne, du reste, ne consentant à l'avouer.

26 décembre. — L'emploi de mes journées est toujours à peu près le même; je pars de bonne heure, «le déjeuner dans le sac», et ne rentre qu'à la nuit, parfois même plus tard; je rayonne à quelques kilomètres autour du poste, cherchant à me rendre compte de l'allure des couches, de leur concordance. Je voudrais découvrir de nouveaux gisements fossilifères; ce n'est malheureusement qu'à la partie supérieure que je puis en trouver; les couches inférieures me semblent, jusqu'à présent, stériles ; sont-elles aussi kimmeridgiennes?

29 décembre. — Avant mon départ pour la Tunisie, j'avais été prévenu, de différents côtés, que je devais rencontrer dans le Sud de nombreux et riches gisements de bois fossiles; on me parlait même de forêts analogues à la «Forêt pétrifiée» du Caire. M. le Dr Coste, médecin militaire, accompagnant une colonne commandée par le général de la Roque, en 1882 ou 1883, avait remarqué, près du campement de Tataouïn, de nombreux fragments de bois silicifiés et en avait fait part à M. Ph. Thomas.

Quel pouvait être l'âge de ces bois? Étaient-ils tertiaires comme ceux du Caire, du Cherichira, des environs de Laghouat?

Une hypothèse ingénieuse, tentante, avait été émise par un savant autorisé :

«A l'époque tertiaire, une vaste zone, vigoureusement boisée, s'étendait, au Nord des sables sahariens, depuis l'Océan jusqu'au Caire et peut-être plus loin encore à l'Est; elle servait de retraite au Mastodonte du Cherichira et aux grands animaux ses congénères; un peu l'analogue des immenses forêts actuelles du Soudan.»

Voilà quel était l'état de la question quand j'abordai le massif montagneux qui enserre Tataouïn, et j'étais très désireux de trouver une solution à cet intéressant problème.

En montant au télégraphe optique du Tlalet par un sentier qui part du poste de Tataouïn, on traverse, à peu près à moitié route, un petit plateau sableux, légèrement incliné vers le NO; il est couvert de nombreux fragments de bois transformé en un grès siliceux noirâtre plus ou moins grossier.

Quoique reposant sur un sol jurassique incontestable, on aurait pu considérer ces restes de végétation comme d'âge postérieur à l'exondation du massif et les rapprocher alors des bois tertiaires du Cherichira; nos forêts actuelles ne croissent-elles pas sur tous les étages géologiques?

Mais alors on devrait en rencontrer des débris sur toute la hauteur de la
montagne et sur tous les niveaux; il n'en est rien et ils ne sont accom-
pagnés d'aucun reste rappelant la période tertiaire.

Ces observations n'étaient que des demi-preuves et me laissaient encore
indécis quand, heureusement, j'ai trouvé, un peu à gauche du chemin,
une petite butte sableuse, de guère plus d'un mètre de hauteur sur une
dizaine de mètres de diamètre, renfermant une accumulation de bois
fossiles, entassés en grands fragments ayant souvent plus de 2 mètres
de longueur sur o m. 5o d'épaisseur.

Cette butte, formée d'un grès grossier très friable, n'a été préservée des
érosions que par l'accumulation des débris ligneux transformés, plus ré-
sistants; c'est un précieux témoin d'une couche gréso-sableuse, d'une dizaine de mètres d'épaisseur, que l'on voit sur le versant de la montagne,
à droite et à gauche du plateau; on a quelques difficultés à la suivre à
cause de sa nature détritique et des nombreux éboulis; j'y ai recueilli
quelques morceaux de bois «en place»; quand je dis «en place», j'entends
non remaniés postérieurement à leur dépôt; mais cette couche est trop
franchement marine pour que je puisse admettre qu'elle ait servi de sol
à une végétation de grands arbres; j'y vois le fait d'un charriage contem-
porain, dans un estuaire sableux, de débris forestiers venant de lagunes
peu éloignées.

Tous les bois silicifiés recueillis par moi au Caire, dans le massif du
Tlalet, au Cherichira, près de Laghouat, l'ont été dans des dépôts éminemment sableux; les bois fossiles kimmeridgiens des falaises de Boulogne-
sur-Mer se rencontrent généralement dans des argiles; aussi sont-ils py-
ritisés et non silicifiés.

Je tiens de M. Sicard, agent consulaire à Gabès, que des pieux retirés
de l'appontement où pendant fort longtemps ils avaient été enfouis dans
le sable et exposés à l'action constante de l'eau de mer, étaient impré-
gnés d'une couche très sensible de silice. C'est une curieuse observation
qui pourra être utile pour l'explication de la genèse des bois silicifiés.

Voici la coupe du gisement des bois fossiles du Tlalet; je la crois pro-
bante.

3o décembre. — J'ai fait aujourd'hui une longue excursion dans les
montagnes au Nord de Tataouïn, en poussant, par les crêtes, au-dessus
du village arabe de Tlalet.

Pendant sa longue période d'exondation, ce massif a été profondément
entamé par de puissantes érosions qui l'ont singulièrement découpé; ces
érosions doivent être, en grande partie, attribuées à l'action éolienne et
s'expliquent facilement par les grands vents qui règnent encore dans la

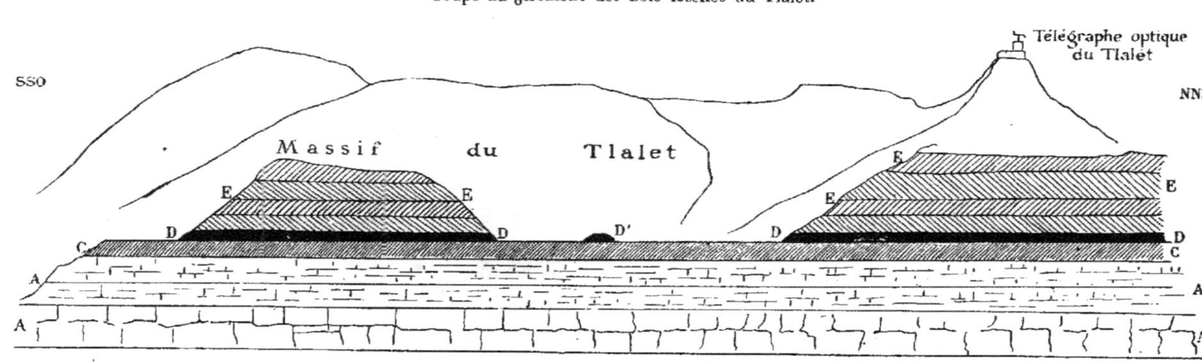

A. Calcaires compacts brunâtres, avec quelques traces de fossiles indéterminables, alternant avec des calcaires marneux ou dolomitiques, des marnes et des grès à la base; terme jurassique indéterminé.

C. Calcaire marneux blanchâtre avec Ammonites, Mytiles; Kimmeridgien.

D. Couche gréso-sableuse, à bois fossiles.

E. Marnes et calcaire marneux, noduleux, blanchâtre, contenant une riche faune ptérocérienne.

contrée; les couches sableuses sont petit à petit enlevées et les bancs durs et compacts qui les surmontent, renversés, bouleversés, formant un chaos d'énormes blocs enchevêtrés, d'un grand aspect.

Sur chacun des pitons-témoins qui dominent ces abrupts, on voit les ruines informes de petits Ksour; aucune construction romaine, mais j'ai ramassé des débris de poteries rouges qui portent avec eux leur signature.

Pendant plusieurs lieues j'ai pu constater combien les diverses couches de ce massif sont régulières d'allure, de composition et de faune; j'ai pu faire ample moisson de bons fossiles, entre autres des Térébratules, une énorme Rhynchonelle et deux *Hemicidaris* qui rappellent les beaux oursins recueillis près de Géryville, dans un terrain probablement du même âge, par le commandant Durand.

Au télégraphe optique du Tlalet, j'ai trouvé un jeune employé des postes de Paris, M. Bienaimé, qui se déclare satisfait d'accomplir son service militaire dans une situation aussi élevée, aussi isolée surtout; doué d'un grand instinct géologique, il s'est fait une petite collection locale de fossiles qu'il a mise gracieusement à ma disposition et j'ai pu y trouver quelques types intéressants.

D'après une carte télégraphique qui se trouve au poste optique du Tlalet, ce point est à la cote 420 mètres et Tataouïn à 160 mètres, ce qui nous donnerait à peu près de 200 à 300 mètres pour le relief du massif au-dessus de la plaine.

31 décembre. — J'ai abordé par l'Ouest le petit chaînon de Ksar Dagra; le Ksar en lui-même n'a rien d'intéressant pour quiconque a vu le Ksar El-Moudenin, dont il n'est qu'une minuscule réduction; une vaste cour aux murailles très élevées, sans ouvertures, contre lesquelles sont adossés, empilés de petits greniers-magasins en forme de cellules; sauf le gardien, un «cawagi» et un mercanti juif, pas d'habitants, au moins dans cette saison où les nomades sont tous dans le Sud.

Dans une couche, juste au-dessous de l'unique porte de ce magasin-forteresse, j'ai trouvé un joli oursin de la famille des *Acrosalenia*.

Continuant à remonter vers le SE l'arête du chaînon qui forme presque un petit plateau, j'ai retrouvé le niveau des bois silicifiés et, au-dessus, une série fossilifère analogue à celle du Tlalet; ici les échantillons sont mieux conservés, ayant presque tous leur test, plus variés, plus nombreux, mais appartenant certainement à la même faune.

1er janvier 1891. — J'étais bien aise de m'isoler, le premier jour de l'année m'inspirant toujours de tristes pensées; j'ai profité de cette disposition d'esprit pour faire une longue et pénible reconnaissance de sept heures, au SO de Tataouïn, dans le massif de Smira, dont le point culminant est à la cote 340 mètres.

Résultats paléontologiques assez pauvres; le facies sableux dominant, les fossiles sont peu nombreux et mal conservés, mais appartiennent encore à la faune du Tlalet et du Dagra; stratigraphie et paléontologie sont d'accord pour classer le Djebel Smira dans le Jurassique supérieur; les couches semblent plonger un peu plus fortement vers l'Ouest et le NO, ce qui permet de comprendre qu'elles doivent passer sous le massif crétacé (?) de Douiret; j'ai retrouvé sur plusieurs points, assez bas, la zone des bois silicifiés; c'est un excellent repère.

3 janvier. — Hier et aujourd'hui j'ai consacré tout mon temps à fouiller l'inépuisable gisement du Djebel Dagra : des Nautiles à région ventrale très excavée, peut-être le jeune âge du *Nautilus giganteus*, des Nérinées, des Natices, d'élégants Gastéropodes dont je ne sais que faire, génériquement; nombreux Pélécypodes, Polypiers; le tout avec le test. Puis j'ai fait mes caisses de fossiles et me prépare à une expédition de quelques jours dans les environs de Douiret.

5 janvier. — Je ne puis me mettre en route : depuis deux jours le temps est détestable; un brouillard intense auquel succède une pluie froide, continue; je me sens découragé, car on me dit que ces périodes néfastes sont souvent de longue durée dans cette saison. Hier j'ai été faire une petite promenade dans la montagne du Tlalet, en face du camp de Tataouïn, avec le lieutenant Cuinet; nous retrouvons les bois silicifiés dans la même position stratigraphique que plus à l'Est; la couche sableuse qui les contient est souvent masquée par des éboulis, mais elle se délimite facilement dans le haut; l'observation d'hier me confirme qu'il n'y a pas eu végétation sur place, mais le charriage de débris provenant d'un continent ou de lagunes boisées peu éloignées. Nous trouvons un très beau morceau de tronc silicifié, trop lourd pour que nous puissions nous en charger; heureusement que vient à passer dans un sentier voisin un mulet du train qui nous le porte jusqu'au Bureau des renseignements.

De Tataouïn à Douiret et au Bir Zeguellem.

Tataouïn, 6 janvier. — Le temps s'est remis au beau et je me décide à me mettre en route; mes préparatifs sont terminés : un chameau pour mes bagages et deux cavaliers d'escorte; précaution inutile au point de vue sécurité, mais le pays que je dois parcourir pendant quelques jours étant sans habitants pendant cette saison, ces hommes pourront me rendre service pour les renseignements, le ravitaillement; du reste, tous les deux jours, on doit m'envoyer des vivres à mes différents campements; on ne saurait être plus pratiquement aimable que MM. les officiers de Tataouïn; nous partons bien tard, trop tard, la première étape étant longue.

Douiret, 7 janvier. — Partis seulement à 1 heure de Tataouïn, nous avons une vingtaine de kilomètres à faire pour atteindre notre premier gîte dans le massif de Douiret, et cela dans un pays assez difficile; aussi les observations géologiques ont-elles été forcément très sommaires; jusqu'à assez près du Djebel Charen, on est toujours dans le Jurassique; pas mal de bois silicifiés, sans doute remaniés; beaucoup de silex éclatés, non intentionnellement probablement.

Je n'ai pas su comprendre la masse du Djebel Charen composée de grès, de calcaires travertineux; une toute petite couche me montre quelques moules de coquilles, indéterminables hélas !

Arrivés presque à la nuit à l'Aïn Metrioua, je cherche à organiser mon campement à l'aide de mes deux cavaliers, qui sont pleins de bonne volonté, mais pour lesquels c'est besogne toute nouvelle; la tente qui m'a été prêtée par le service des mines de Tunis est beaucoup trop grande, d'un montage difficile; mal assujettie dans un terrain fangeux, ayant pour ses débuts à résister à une très forte bourrasque, elle menace à chaque instant de me coiffer; faute de combustible, il n'a pas été possible de faire du feu et mon repas du soir a été plus que sommaire; je n'ai pu fermer l'œil de la nuit et me suis mis avec empressement en route, aussitôt qu'il a commencé à faire un peu jour; je gagne le plateau, et après un assez long détour, j'arrive à Douiret. Singulier pays, et bien bizarre ce village; je ne sais vraiment pas comment le décrire; une corniche de plus de 2 kilomètres surplombant un profond ravin, toute perforée de trous, de niches où grouille une nombreuse population; par places, deux ou trois étages de ces corniches habitées, en encorbellement les unes sur les autres; le tout est surmonté par un gros Ksar en ruines, en forme de ruche éventrée, rappelant assez bien le château fort. Sur les bords du Loir ou du Cher on peut trouver quelque chose de semblable, à Troo, à Montrichard.

On me loge dans une de ces niches creusées dans une sorte de tuffeau tendre: 3 mètres de largeur, 10 de longueur et à peine 2 de hauteur; le toit et le plancher sont formés par un banc de roche un peu plus solide; le seul éclairage vient par la porte; des coffres, d'énormes jarres à huile où on logerait facilement les quarante voleurs d'Ali-Baba, des hardes, des armes, un peu de tout accroché, suspendu dans tous les coins; ce qu'il y a de mieux, c'est un de ces beaux tapis rouges du pays, sur lequel je suis étendu, position peu commode pour rédiger ces notes; quatre ou cinq Arabes, que je ne peux pourtant pas mettre à la porte de chez eux, me bouchent le jour; j'ai tâché de sortir pour m'en débarrasser, mais j'ai été alors entouré, suivi par toute une population bienveillante sans doute, mais indiscrète et encombrante; impossible de parvenir à être seul un petit instant; je venais de finir mon repas, pain et chocolat habituels, quand on m'apporte un énorme *couscous*, non prévu.

Quant à la géologie, il m'est difficile d'en faire dans de pareilles conditions; je vois des alternances de marnes et de calcaires plus durs en bancs bien réglés, souvent en dalles minces; je n'y trouve aucune trace de fossiles; M. Aubert attribue la base au Cénomanien, le sommet au Turonien.

8 janvier. — Ces braves gens de Douiret ont voulu, hier au soir, me tenir compagnie beaucoup trop tard; ce qu'ils se racontaient entre eux devait être fort intéressant, mais je n'ai pu en tirer aucun parti et il ne m'en est resté qu'une légion de puces; ils étaient au moins une douzaine (les Arabes), du type berbère le plus pur; il y en avait surtout un blond, grand et vigoureux garçon d'une trentaine d'années, d'une distinction et d'une élégance rares.

Mon taudis est hélas! bien plus compliqué que je ne le pensais; dans le fond se dissimule un arrière-boyau qui conduit sans doute à des latomies, des catacombes où toute la nuit j'ai entendu le grand tapage des chevaux, ânes, vaches, chèvres; je renonce à étudier cette géographie zoologique souterraine; j'oubliais aussi le bruit des chiens aboyant et hurlant sans décesser, avec ou sans causes.

Ce matin le temps est gris, le vent fort; voici un mauvais début; je me sens un peu découragé et je doute fort d'un succès dans cette région; j'attends à déjeuner, avec ce qu'ils m'apporteront de Tataouïn, le capitaine Zahn et le lieutenant Durand; la présence de ces aimables officiers me remontera, j'espère, le moral.

Avec des précautions infinies, j'étais arrivé sans être accompagné, jusqu'à 2 kilomètres NE de Douiret, à des escarpements où j'espérais trouver quelques renseignements géologiques; je comptais sans la vigilance de mes cavaliers; l'un d'eux m'avait devancé, je ne sais par quel chemin; impossible de le renvoyer au village, il est toujours sur mes talons; je ne puis déposer un instant mon marteau sans qu'il s'en empare aimablement, pour me soulager. Du reste, je n'ai rien appris de nouveau dans cette petite excursion; des marnes sableuses, des grès associés à des sables assez gypsifères, en strates bien réglées, semblent occuper la base du système, qui est couronné par des assises puissantes d'un calcaire solide formant des abrupts et des «Guelaa»; aucune trace de fossiles; je pense que M. Aubert a été plus heureux que moi et que ce sont des documents paléontologiques certains qui lui ont permis d'attribuer au Cénomanien la base du massif de Douiret, tandis que les couches supérieures représenteraient le Turonien et le Sénonien.

Je suis monté tantôt au vieux Ksar dont la position pittoresque domine toute la contrée; ce n'est plus qu'un curieux amas effondré de ces cellules caractéristiques de tous les Ksour; celui-ci, d'un accès difficile, devait être très important. Mes observations orographiques sont gênées par le vent et la brume. On voit bien là, et de là, les puissantes assises qui couronnent les hauteurs, bancs épais d'un albâtre calcaire zoné, de caractère travertineux, mais trop vacuolaire pour être utilisé, poli.

Si les cartes disent Douirat, les gens du pays prononcent Douiret.

Chitana, 9 janvier. — Encore une petite rectification à apporter aux cartes du Sud; elles portent Silaa ou Sitana, tandis que l'on doit dire Chitana.

Parti à 8 heures du matin de Douiret, j'arrive vers 11 heures à Chitana, réunion d'une douzaine de grottes-maisons, ou mieux d'abris sous roche; elles sont abandonnées pour le moment, n'étant habitées que quand les tribus reviennent du Sud; elles sont creusées dans l'entre-deux de couches gypseuses plus cohérentes et bien réglées; j'en choisis une et m'y installe.

En sortant de la gorge de Douiret, on traverse une plaine assez tourmentée, où les alluvions de toute nature jouent un grand rôle; beaucoup de silex cassés dont la présence, sinon la fracture, s'explique facilement, puisque je les ai rencontrés hier en place dans les roches au NE de Douiret où ils sont en rognons, presque en nappes; je rencontre aussi quelques morceaux de bois silicifiés; ont-ils été entraînés jusqu'ici de leur couche normale par les eaux si souvent torrentielles dans la région? Serions-nous déjà sur cette couche ou à proximité? Ce serait possible, car nous avons beaucoup redescendu la série géologique depuis Douiret.

Un peu avant Chitana, des collines, dont le relief peut être évalué à près de 100 mètres, sont formées de sable marneux très gypsifère; à Chitana même, la base de la montagne présente cette même composition; puis les gypses deviennent plus compacts, cristallins ou non, en bancs et dalles bien réglés, et la couche terminale de toutes les Guelaa est très résistante, formée aussi d'un gypse grenu, d'aspect dolomitique; telle est la composition de la Guelaa El-Tacem (610 mètres); je ne saurais parler que de la partie Nord de ce petit massif, seule explorée. Quelle est cette formation? Quelles sont ses relations avec le Jurassique? A quel terme de la série crétacée peut-il appartenir? Je ne connais pas assez le faciès cénomanien de la région Sud de la Tunisie pour oser me prononcer en l'absence de tout document paléontologique.

Bir Zeguellem, 10 janvier. — Je ne parviens à mettre mon convoi en route qu'à 8 heures; je laisse à gauche la Guelaa El-Tacem; à son pied et dans toute la plaine, quelques morceaux de bois silicifiés errants ou erratiques; cette longue plaine sableuse, ravinée par quelques Oued peu importants, remonte insensiblement vers le massif du Djebel Bethoul; là on s'engage dans une gorge qui me conduit au Bir Zeguellem où j'établis mon campement pour quelques jours; c'est une oasis naissante arrosée par un petit ruisseau d'une bonne eau; eau et bois, voilà les seules ressources que j'ai à trouver ici où il n'y a ni habitants, ni habitations; je m'en console facilement, car, d'après les renseignements donnés par M. le commandant Rébillet, c'est une station fossilifère très intéressante; cela me suffit.

Avant d'arriver, j'ai pu recueillir de gros radioles d'oursins et des fragments d'Encrines; je n'avais malheureusement pas le temps de m'arrêter; j'y reviendrai demain.

11 janvier. — La nuit a été très froide et j'en ai souffert sous ma tente, malgré de grandes flambées de frondes de palmiers; le thermomètre est descendu à — 5 degrés pour remonter dans la journée à +15 degrés à l'ombre; Bir Zeguellem est à 9 degrés Est de longitude et 32° 45′ de latitude. L'altitude est d'environ 290 mètres.

Dans la montagne qui domine au Nord et au NO l'oasis, je retrouve absolument, sauf quelques différences pétrographiques peu importantes, le Jurassique du Tlalet; à la base ici, les mêmes calcaires bruns, rouges, puissants qui forment une ligne si visible en face de Tataouïn; ensuite des calcaires marneux peu fossilifères, quelques sables beaucoup plus gypsifères qu'au Tlalet, puis le niveau à bois fossiles occupant la même position que dans la région de Tataouïn; ici les bois sont moins bien conservés et ne présentent souvent plus que l'apparence de rognons ferrugineux.

Au-dessus, nous retrouvons la riche faune du Dagra et du Tlalet : Nautiles, Natices, Nérinées, Mytiles, *Cardium*, une très grosse Rhynchonelle, etc.

Puis une petite couche de deux à trois décimètres formant une intéressante lumachelle de charmants petits Gastéropodes ayant conservé leur test; c'est aussi à ce niveau que j'ai rencontré un singulier Nautile à tours étroits, à très large ombilic excavé, ressemblant à un *Euomphalus* du Carboniférien.

Pour continuer la série ascendante, il me faut reprendre le chemin d'hier, et à moins d'un kilomètre vers l'Ouest, je retrouve les couches marneuses littéralement lardées d'énormes radioles et de nombreux fragments d'Encrines dont j'ai pu recueillir quelques calices; je n'ai rencontré qu'un exemplaire, mais très beau, d'un *Hemicidaris* (*Hemicidaris Zeguellensis* Gauthier) auquel on devra probablement rapporter ces nombreux radioles.

En revenant sur mes pas, je retrouve au-dessous la couche à petits Gastéropodes observée au-dessus des puits et, toujours en redescendant, les fossiles du Dagra.

La couche à radioles occupe donc un terme élevé dans la série et peut être parallélisée avec le plateau supérieur du Tlalet, où j'ai recueilli un *Hemicidaris* identique; elle est ici plus complète, car elle est couronnée par un ensemble puissant de calcaires durs et de couches plus sableuses dans lesquelles je n'ai pu trouver de fossiles.

Je voudrais pouvoir rester encore quelques jours au Bir Zeguellem pour en fouiller à loisir les environs qui semblent recéler tant de richesses, mais les convois de ravitaillement promis ne m'arrivent point, je ne sais pour quelle raison, et je suis littéralement chassé par la faim ; je me mettrai donc en route, demain matin, pour rentrer à Tataouïn.

Tataouïn, 12 janvier. — Je suis parti, hier matin, de Bir Zeguellem; après un petit repos à Bir Remta, sans plus m'arrêter, j'arrive à Tataouïn à cinq heures, ayant fait, toujours à pied, trente-cinq kilomètres environ; je ne suis pas réellement-fatigué, mais je sens le besoin de me refaire de ces quelques jours de misère relative.

Vers Bir Remta la partie inférieure des couches est sablo-gréseuse, un peu gypsifère avec quelques intercalations de calcaires à facies lithographique; l'inclinaison de l'ensemble est toujours vers le NO avec une pente de 5 à 10 degrés dans la partie Ouest de ce massif; dans l'Est, les couches sont presque horizontales ou ont même une certaine inclinaison vers l'Est ou le SE; il semble y avoir eu là un bombement, mais peu important.

Entre Bir Zeguellem et Bir Remta, je recueille de nombreux fragments de bois finement silicifiés ; ils sont plus ou moins en place; en tous cas, leur gisement ne saurait être éloigné; à 8 kilomètres environ au Nord de Bir Remta, sur le sentier même, en relevant à l'Est une grande Guelaa cotée 580 mètres, je trouve les bois en place, dans un banc gréseux un peu plus solide qu'à la montée du Tlalet, et ce banc passe très visiblement sous l'ensemble jurassique dont il fait incontestablement partie.

Bref, cette route, un peu longue, m'a appris qu'il y avait identité entre le massif du Tlalet et ceux du Sud de Tataouïn, mais que, malgré quelques points de repère, il serait prématuré de vouloir en classer les assises en les synchronisant avec les différents termes de nos types français plus ou moins analogues.

De Tataouïn au Bir Metirza.

Bir Metirza, 15 janvier. — J'ai voulu profiter du beau temps pour faire
une pointe à l'Est, espérant, en recoupant le massif montagneux perpendiculairement à la direction des couches, arriver à connaître son substratum.

Cette fois-ci, au lieu d'un chameau, on me donne un soldat du train
avec ses deux mulets et je me munis de vivres en quantité suffisante pour
n'avoir pas à compter avec un ravitaillement, souvent problématique.

Il faut de quatre à cinq heures de marche pour aller de Tataouïn au
Bir Metirza; on suit d'abord la vallée de l'Oued Kassem, insignifiante, et
on arrive à un chaînon important courant à peu près SN, dans le pro-
longement duquel est le pic dominant de la Guelaa (580 m.) et son
Ksar; c'est géologiquement ce que nous avons vu entre Bir Zeguellem et
Tataouïn : les mêmes alternances calcaires et gréseuses, très peu fossilifères; j'y ai cependant retrouvé la couche à lumachelle de petits Gastéropodes du Bir Zeguellem; le pendage est toujours, comme au Tlalet, vers
le NO, avec seulement quelques degrés d'inclinaison. Je passe devant les
curieux Ksour Ouahad et Mhemed, je traverse une vallée-plaine assez
large pour retrouver, à l'Est, un nouveau massif montagneux; ce n'est
pas, comme pourrait le faire croire le figuré de la carte, une chaîne,
une arête; c'est un vrai massif, comparable à celui du Tlalet et, comme
lui, très découpé; les couches, qui ont toujours le même pendage, se présentent de plus en plus inférieures; quelques calcaires, des grès et sables
et des gypses qui commencent à dominer; pas de fossiles.

Après avoir laissé à sa gauche le Ksar Beni-Krezer, une descente difficile, dans une gorge profonde, nous conduit au Bir Metirza où nous
campons; nous sommes en plein sur les gypses à côté d'un puits peu
profond, creusé dans leur masse et qui cependant nous donne une eau
excellente.

17 janvier. — A mesure que l'on descend du Ksar Beni-Krezer, les
éléments calcaire, argileux et sableux perdent de leur importance par
l'intercalation de bancs gypseux de plus en plus nombreux et épais; au
puits, on se trouve en présence d'une puissante formation, très régulièrement stratifiée, d'un gypse cristallin blanc ou rosé [1]; en redescendant
le lit encaissé de l'Oued Metirza qui coule vers l'Est, par conséquent

---

[1] D'après des renseignements qui m'ont été donnés à Gabès par un vétérinaire militaire, la formation gypsifère stratifiée s'étendrait jusqu'à Oum-el-Far, près de la frontière
tripolitaine.

Coupe prise au Bir Metirza.

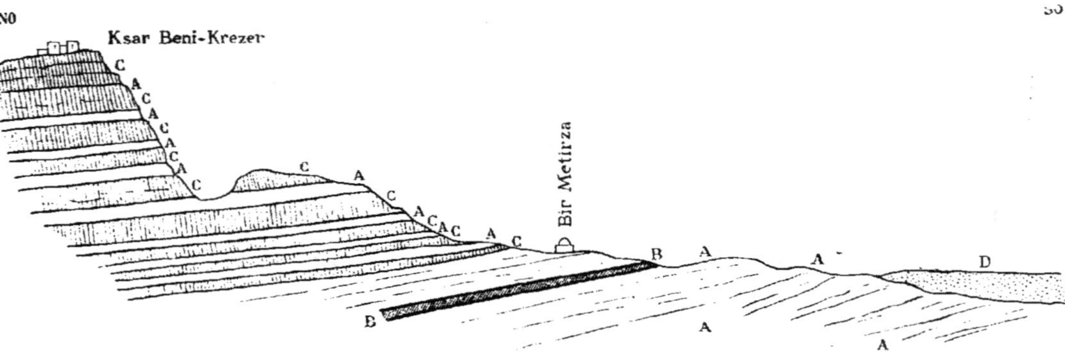

A. Gypse en bancs épais, diminuant d'importance dans le haut de la coupe.
B. Petit banc gypseux en minces plaquettes fossilifères (*Pellatia?*).
C. Couches gréseuses ou calcaires (quelques-unes formant de vraies cargneules).
D. Éboulis et alluvions.

presque perpendiculairement à l'inclinaison des couches qui est encore
vers le NO, avec 5 à 10 degrés de pente, on est toujours dans les gypses
compacts et cela pendant au moins trois kilomètres; j'y ai trouvé deux
ou trois très petits bancs en plaquettes, d'un calcaire grisâtre très gypseux,
avec de très nombreux petits Pélécypodes rappelant les *Pellatia* des plaquettes de grès vosgien.

Du Bir Metirza à Rgigila.

Bir Zama, 16 janvier. — Je viens de longer la base des Djebel Kro-
tah et Glouben-Ahmar, traversant une vaste plaine couverte d'éboulis,
d'alluvions; toutes les fois que le lit profondément raviné d'un torrent
permet de vérifier le substratum, on voit que l'on est toujours sur les
gypses observés au Bir Metirza; ils ont la même allure, le même aspect;
bien grande doit être leur puissance que je peux évaluer ici à plus de
50 mètres, et je n'en connais pas la base.

Il me tarde de savoir ce qu'on trouvera dessous, peut-être les grès
rouges de Moudenin; cela simplifierait beaucoup la question. Je repars,
après un petit repos, pour Rgigila.

Rgigila, 17 janvier. — Rien d'intéressant du Bir Zama à Rgigila;
trois lieues dans une plaine légèrement ondulée, recouverte par un sable
détritique qui forme parfois de petites dunes; ou bien, ce sont des pla-
teaux, aux pierres roulantes rendant la marche pénible; quant au substratum, il est complètement masqué jusqu'à environ trois kilomètres
avant Rgigila; à ce point, s'élève brusquement sur la gauche une petite
chaîne de grès rouge, telle est au moins son apparence à quelque dis-
tance, qui se joint au piton ou Guelaa de Rgigila (280ᵐ), point dominant
de la région; ce piton forme un cône élevé, presque isolé, ne tenant que
par sa base à la chaîne principale; au pied, au NE, se voient les ruines
importantes d'un vaste oppidum (?) romain sans intérêt artistique;
cette construction, en gros blocs, d'un grès tendre, bien appareillés, a été
complètement bouleversée et le temps a singulièrement ravagé ce qui en
reste; la pierre, de peu de consistance, s'est effritée en formant de curieux
hiéroglyphes, mode d'ornementation usité aux XVIᵉ et XVIIᵉ siècles.

Le tour du piton et son sommet montrent de nombreux restes d'habitations dont la grossière construction fait croire à l'existence d'un an-
cien Ksar arabe.

Sa base est formée de grès très puissants, plus ou moins durs, rouges
ou blanchâtres, bien stratifiés; vers le sommet, quelques petites assises
d'un calcaire marneux se délitant en dalles ou plaquettes, où l'on devine

des traces de végétaux; j'ai trouvé un peu au-dessous quelques moules de Pélécypodes indéterminables; l'ensemble plonge toujours vers le NO ou l'O-NO, sous un angle de 5 à 10 degrés.

Quelle est cette formation? Elle me semble, d'après les allures de la stratigraphie de la région, devoir passer sous la formation gypseuse dont nous perdons les traces, sous les alluvions sableuses de la plaine, à seulement quelques kilomètres d'ici. Serions-nous en présence des grès rouges de Moudenin?

Sur deux petites terrasses au Nord et au NE de la Guelaa, j'ai trouvé d'assez nombreux débris de bois fossiles, en fort mauvais état du reste, et la couche, en place, c'est-à-dire non remaniée récemment, se voit encore sur un point; je n'ai aucune raison pour assimiler ces bois à ceux du Tlalet; on rencontre des bois silicifiés à tous les étages, et tout le monde connaît les curieux spécimens du Permien de Commentry et d'Autun.

De Rgigila à Tataouïn.

Bir Zama, 18 janvier. — J'ai fait ce matin une courte reconnaissance à la base du Djebel Rgigila; toute la partie inférieure, jusqu'au plateau de l'oppidum, est formée par des grès rougeâtres, brunâtres, lie de vin, plus ou moins durs, à éléments plus ou moins fins; la composition du chaînon qui se dirige vers le SO est la même; là, une couche se délitant en minces plaquettes d'un grès rouge, très fin de grain, me donne de bien curieuses empreintes physiologiques de flots (Ripple-marks) et de pistes de Crustacés ou d'Annélides; quel dommage de n'être pas fixé sur leur niveau!

Je quitte mon convoi, que j'envoie bivouaquer au Bir Zama où nous campions avant-hier; là, l'eau est abondante, tandis qu'elle fait absolument défaut à Rgigila, et je me dirige seul vers la tour en vue de Drinah; située sur un monticule isolé, elle domine toute la plaine; une première enceinte grossière circonscrit le petit plateau sur lequel elle est bâtie; sa construction ne rappelle en rien le faire des Romains dont je viens de voir un spécimen à l'oppidum de Rgigila; elle semble plutôt, quoique signalée sur la carte comme « Tour romaine », être les restes d'un Bordj turc; en tout cas, j'y trouve un abri hospitalier pendant le moment d'un déjeuner sommaire, le vent soufflant en tempête. Puis, à la boussole, je me dirige sur le Ksar Zama, qui ne se compose que d'une tour turque; quoique ruinée, elle se voit encore d'assez loin.

Entre Drinah et le Ksar Zama, on rencontre quelques petits monticules que je n'ai pas eu le loisir d'étudier au point de vue géologique; sur chacun de leur sommet se voient des tumulus bien curieux et qu'il serait bon de signaler aux spécialistes; un mamelon d'une dizaine de mètres de diamètre sur un à deux mètres de hauteur, circulaire, couvert de dalles en pierres plates, et autour une enceinte de pierres fichées, ayant jusqu'à deux mètres d'élévation; à côté de deux de ces sépultures, je constate une toute petite enceinte, aussi en pierres fichées, circulaire, ayant au plus deux mètres de diamètre, en contact avec la grande.

Je m'étais affranchi des gypses; je les retrouve puissants à deux kilomètres au Nord du Ksar Zama; le vent froid va rendre ma nuit possible; demain matin je dois repartir pour Tataouïn, mon homme du train et ses mulets n'ayant pu, vu les nécessités du service, m'être prêtés que jusqu'au 20.

Tataouïn.

Tataouïn, 20 janvier. — Je suis rentré hier d'assez bonne heure; on suit pendant longtemps l'Oued Ahmar; son lit raviné entame profondément les gypses, qui forment sur ses rives de petites collines de 60 à 80 mètres. Je puis donc, sans exagération, attribuer au moins 100 mètres d'épaisseur à cette formation si puissante, si continue; ses assises sont des plus régulièrement stratifiées et leur pendage d'environ 5 à 10 degrés NO; on passe ainsi entre le Djebel Fedj au Sud et le Djebel Darguelaria au Nord; ce dernier chaînon est complètement ensablé sur son versant O-SO par les matériaux détritiques apportés par les vents si forts du Foum Tataouïn; vu de ce côté, on dirait de véritables dunes. Puis l'on rentre dans le Jurassique authentique.

Il fait ce matin, à 8 heures, au Bureau de renseignements de Tataouïn, 2 degrés; ce froid anormal est rendu très pénible par un vent violent.

21 janvier. — Toute la matinée d'hier a été consacrée à un réconfortant repos; dans la journée j'ai remonté l'arête du Djebel Dagra en me dirigeant vers le Ksar Gatofa. Dans les couches supérieures : *Nautilus giganteus*, grosses Natices; on retrouve identiquement ce niveau en montant au poste optique du Tlalet, puis dans les couches immédiatement inférieures, le niveau à Céromyes avec sa faune ordinaire.

22 janvier. — Toute la nuit, et maintenant encore, tempête de sable. Impossible de songer à sortir, le soleil est obscurci; dehors, on a peine à se maintenir debout et l'on ne peut regarder qu'en tournant le dos au vent; il faut avoir assisté à pareille tourmente pour pouvoir comprendre la grande importance des érosions éoliennes et des apports détritiques qui en sont la conséquence.

Nombreux sont les fossiles que je rapporterai des environs de Tataouïn; au moins 80 espèces; il serait donc fort intéressant d'établir,

Coupe au Djebel Tlalet.

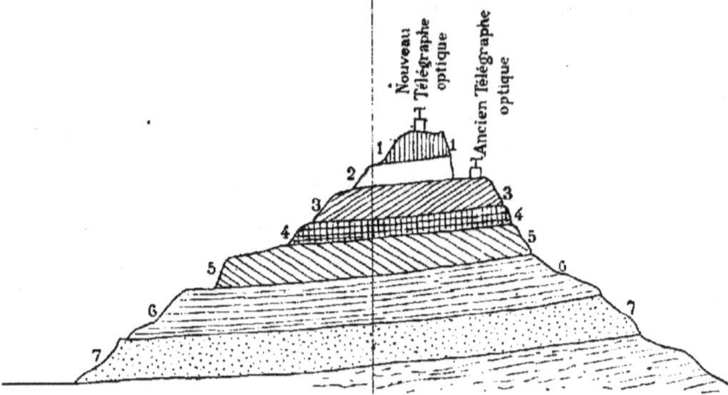

1. Couche gréso-sableuse surmontée d'un plateau calcaire sur lequel est assis le nouveau poste optique, peu fossilifère; dans les grès : *Pygurus Meslei* Gauthier.
2. Nombreux Coralliaires.
3. *Hemicidaris Zeguellensis* Gauthier, *Nautilus giganteus* (50 centimètres de diamètre), Ammonite, Natices, Ptérocères, *Lima*, *Ostrea*, Rhynchonelles, Térébratules; on retrouve ce niveau en suivant les crêtes jusqu'au-dessus du village de Tlalet.
4. Tiges d'Encrines, calices, etc.; *Millericrinus Meslei* de Loriol.
5. *Nautilus giganteus*, très grosses Natices.
6. Calcaires marneux et marnes avec *Natica Nerinæ*, *Cardium*, *Venus*, *Mytilus*, etc.
7. Couche sableuse à bois silicifiés.

Coupe prise à Bir Zeguellem.

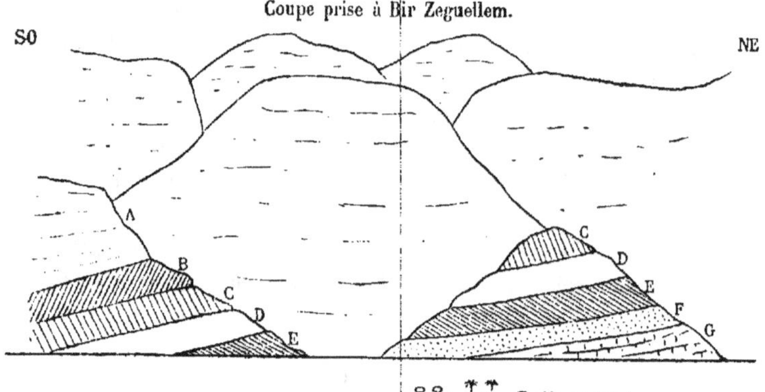

G. Calcaires bruns, rouges, en bancs puissants, puis marnes sableuses gypsifères avec quelques moules de fossiles indéterminables.
F. Niveau des bois silicifiés.
E. Nautiles, Nérinées, Natices, Mytiles, *Cardium*, etc. Représente le numéro 6 de la coupe du Tlalet.
D. A peu près la même faune : dans le haut, Nautile à large ombilic, profondément excavé, très grosse Rhynchonelle (couche 5 ? de la coupe du Tlalet).
C. Lumachelle de petits Gastéropodes avec leur test; petites *Ostrea*, etc.
B. *Hemicidaris Zeguellensis* Gauthier, avec nombreux radioles appartenant probablement à cette espèce; *Millericrinus Meslei* de Loriol; quelques Gastéropodes en mauvais état; petites huîtres. Représente probablement les numéros 3 et 4 du Tlalet.
A. Calcaires durs avec alternances de couches plus ou moins sableuses; peut correspondre aux numéros 1 et 2 de la coupe du Tlalet.

consciencieusement et sans se préoccuper de la théorie, la place relative occupée par chacune d'elles; mais la chose est bien difficile à cause des éboulis, des espèces communes aux différents gisements ou affines, des niveaux à paralléliser sur deux points éloignés, n'ayant pas le même faciès pétrographique, ce qui implique toujours un changement dans la faune; il faudrait, pour arriver à un résultat satisfaisant, un long séjour dans la région, de nombreuses observations se contrôlant. Malgré le soin que j'ai pris de tenir compte de la stratigraphie pendant mes récoltes, je ne saurais arriver qu'à un à peu près, me bornant encore aux trois principaux points d'observation.

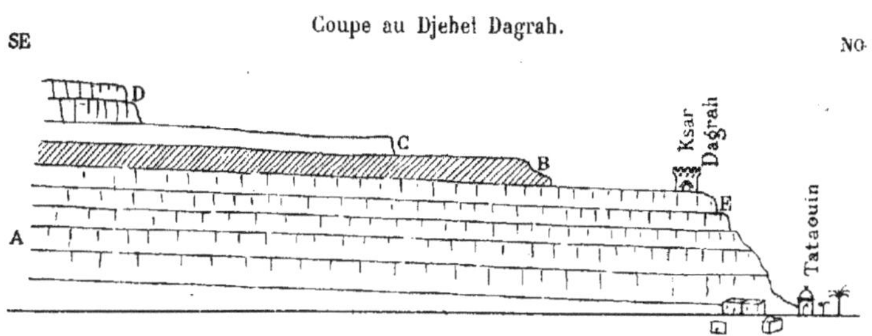

A. Couches inférieures en bancs puissants, surtout à la base; calcaires, calcaires sableux ou marneux, etc., non fossilifères ?

B. Niveau des bois silicifiés.

C. Zone très fossilifère : Nautiles, Nérinées, Natices, *Purpura* (?), Mytiles, Céromyes, *Cardium*, *Vénus*, Polypiers, etc.; correspond au numéro 6 de la coupe du Tlalet.

D. *Nautilus giganteus*, grosses Natices, Ptérocères et couches représentant les numéros 5, 6, 7 de la coupe du Tlalet.

E. Point où j'ai recueilli *Monodiadema Cotteaui* de Loriol.

23 janvier. — Je viens de passer quatre heures à étudier le Djebel Tercin au SO de Tataouïn; son altitude, au signal, est de 340 mètres; je n'ai pas obtenu grands résultats paléontologiques, car les fossiles y sont mal conservés, mais j'y ai constaté trois des niveaux du Tlalet et dans le même ordre; il n'y a donc, de ce côté, aucun changement dans les allures du massif; sur plusieurs points, j'ai retrouvé la zone à Nérinées, Mytiles, Céromyes, etc., au-dessus se voient une cinquantaine de mètres de calcaires, calcaires sableux et sables; puis dans un calcaire noduleux la faune à Ptérocères; enfin au-dessus et très près une puissante assise de calcaires formant des abrupts et couronnant les sommets; difficiles à gravir, dangereux à la descente, ils sont pétris de Coralliaires branchus, ils représentent la couche la plus supérieure du Tlalet, piton-témoin sur lequel est construit le nouveau télégraphe optique.

Je me décide à quitter demain Tataouïn, malgré les aimables instances que l'on fait pour m'y retenir.

De Tataouïn à Moudenin.

Tlalet, 24 janvier. — J'ai envoyé mon convoi au village de Tlalet par la route de la plaine; je l'y rejoindrai en passant par les sentiers de la montagne où je m'engage seul; je passe au poste optique pour y faire mes adieux au zélé télégraphiste-géologue qui m'avait encore mis de côté un énorme *Nautilus giganteus* et une singulière Ammonite, malheureusement incomplète, à tours étroits; ces deux pièces viennent de la zone que j'appelle du plateau; elles sont trop pesantes pour que je puisse m'en charger, mais on me les descendra à Tataouïn, d'où, grâce à la complaisance de mes amis du poste militaire, elles me rejoindront à Gabès.

Sur ma route, je trouve un splendide *Hemicidaris*, mais je perds le bon sentier et, parti à 9 heures du poste optique, j'arrive péniblement au village de Tlalet seulement à 1 heure. J'y trouve, très inquiets de mon retard, MM. le capitaine Zahn et le lieutenant Durand, qui bien aimablement étaient venus déjeuner une dernière fois avec moi.

Le Tlalet est un village peu important, dont la petite Zaouïa et les quelques maisons sont bâties sur la lisière d'une petite oasis marécageuse, empuantée; dans ces eaux fangeuses croît une flore d'un aspect particulier.

Du poste optique au village de Tlalet, en suivant les sentiers des crêtes, je n'ai guère quitté le niveau à Ptérocères normal comme allures; les bancs rocheux supérieurs sont campés fièrement, formant des arêtes pittoresques, jusqu'à ce que les couches sableuses qu'ils dominent, effritées, enlevées par les vents violents, ne leur prêtent plus d'appui; c'est alors un effroyable effondrement, un chaos de gigantesques débris masquant, encombrant les vallées; la descente en est rendue difficile et les observations stratigraphiques sont impossibles.

J'ai fait dans la journée une petite pointe, au Nord, dans le Djebel Arzis; quelques mauvais fossiles me permettent de reconnaître que je suis toujours dans le Jurassique et même assez supérieur, car je retrouve la couche à Coralliaires du piton du poste optique du Tlalet où elle est à une altitude de 420 mètres environ; au Djebel Arzis elle n'est plus qu'à 250 mètres, ce qui est régulier, vu l'inclinaison constante vers le NO.

Biouli ou *Ksar-Biouli*, 26 janvier. — Hier j'étais campé trop bas, presque au niveau du marais empuanté de Tlalet, aujourd'hui beaucoup trop haut, à 450 mètres au Ksar Biouli; ascension fatigante et difficile et surtout fort inutile, que j'aurais évitée si j'avais su me faire comprendre de mes hommes ou, plutôt, s'ils avaient bien voulu me comprendre; mais quand un guide s'est mis en tête de vous faire passer dans un endroit, de vous faire camper dans tel autre, il faut nécessairement en passer par là; cela m'a rappelé une ascension forcée que je fis de la grande pyramide de Gizeh, entraîné, poussé par les Arabes, malgré mes protestations, mes objurgations.

Sur ma route, j'ai pu constater que les Djebel Galbarouïn (390^m) et Mtirist (400^m) sont géologiquement semblables au massif du Tlalet, dont ils sont cependant séparés par la profonde coupure de l'Oued Tlalet.

Dans la pénible grimpée au Ksar Biouli, les fossiles, rares et mauvais du reste, m'indiquent que le régime géologique est le même que précédemment; le niveau à Coralliaires est ici à 400 mètres.

Le piton sur lequel le Ksar est situé est circonscrit par une falaise perforée, alvéolée de niches, trous, grottes, abris, d'un curieux effet et dont l'origine doit être attribuée, en partie, à l'action des vents; utilisés comme habitations, beaucoup ont été travaillés, agrandis, plus ou moins fermés par un mur souvent en pierres sèches; ces Berbères-là sont de purs Troglodytes.

Mal campé, sans bois, presque sans eau, au milieu d'une population que je sens hostile, je regrette vivement d'être venu là; la nuit se prépare mal : en effet, elle est atroce, épouvantable! je ne peux pas trouver d'expression pour exprimer l'inouï, l'impossible de mon supplice..... Il n'y a que deux heures que je le subis : pourrai-je durer jusqu'au jour? J'en ai décidément assez de la géologie sur le terrain; je ne la comprends plus qu'en chambre.

Sous prétexte que la pluie menaçait, mes hommes me persuadent de plier ma tente et me fourrent, à la nuit tombante, dans une niche, une tanière, un terrier de troglodyte, et quel terrier! un long boyau creusé dans le tuffeau jurassique, bas, étroit, enfumé, puant, encombré par d'énormes paniers en alfa où l'on emmagasine l'orge, par de grosses jarres à huile suintantes, au milieu desquels circule une population de rats et de souris; partout sont accrochés des objets sans nom, des nippes sordides... Puis on me donne pour compagnes trois chèvres, tes chèvres aimées, ô Mélibée! passe encore pour les chèvres, mais vient le berger, toussant, crachant; il enjambe mon lit qui occupe probablement son coin de prédilection; puis tout cela se met à ronfler, à ruminer; les chiens font vacarme à la porte, qui du reste est gardée par un chameau gargouillant, couché en travers, l'obstruant complètement; il me faudra bien cependant sortir tôt ou tard.

Si je pouvais au moins écrire passablement ces doléances! les chèvres s'agitent fébrilement et viennent, curieuses, examiner ce que j'écris; les puces sont légion et travaillent furieusement de leur métier. J'ai encore trois bougies : c'est de la lumière pour trois ou quatre heures, et puis après? Et dire que cet endroit de malheur porte le joli nom de Biouli; il est vrai que Biouli n'est qu'un nom spécifique et que le générique est Gsar ou Ksar, comme il vous plaira de prononcer, au pluriel Gsour ou Ksour, et que Dieu vous garde d'une nuit chez les Troglodytes!

Je m'étends peut-être un peu trop sur un sujet qui n'est que très accessoirement géologique, mais il est bon que l'on sache que l'on est trop souvent exposé à pareille mésaventure, exagération de la nuitée déjà si pénible de Douiret, quand on sort un tant soit peu du rayon habituel des explorations; le plaisir de trouver ou même souvent de chercher du nouveau se paye parfois un peu cher.

Bir-el-Ahmar, 26 janvier. — Au tout petit jour, je quittais Ksar-Biouli, sans le moindre regret, m'imaginant presque avoir fait un affreux cauchemar; on redescend dans la plaine par un sentier difficile, et une pluie battante nous accompagne jusqu'à Bir-el-Ahmar, où je trouve un abri et une bonne tranquillité dans la chambre réservée aux officiers. Je suis à peu près à court de vivres, mais je n'en fais pas moins un bon repas, grâce aux *Torfa* [1] qui, à cette époque, croissent abondamment dans la région et sont une précieuse ressource pour les indigènes.

Je retourne aux déblais du puits déjà visités par moi à mon dernier passage; ces grès rouges, lie de vin, et les argiles rouges me semblent bien analogues à ceux de la base du Djebel Rgigila; j'ai cru même apercevoir sur une plaquette des vestiges d'empreintes physiologiques.

Moudenin, 28 janvier. — Je suis arrivé hier de bonne heure à Moudenin; rien à signaler sur la route que les grès rouges surmontés par une formation gypseuse, en approchant du Ksar.

Je suis admirablement accueilli et reçu par le commandant et Mme Rébillet; j'en ai besoin, car je me sens fatigué et j'ai la fièvre depuis deux jours; mais j'ai ici médecin, quinine et surtout d'excellents soins.

31 janvier. — Depuis deux jours, la pluie ne cesse pas; elle est accompagnée par un vent aigre et froid des plus désagréables; j'en profite pour me soigner, me refaire. J'ai de longues et instructives conversations avec le commandant Rébillet; il connaît admirablement le pays et veut bien me l'expliquer; il s'y est attaché pour le bien qu'il y a fait et qu'il y fera encore si un hasard ou un caprice administratif ne vient pas le déplacer. Nous étudions, nous organisons ensemble mon expédition chez les Mat-

---

[1] Peut-être une *Tirmannia* décrite par M. Chatin.

mata, mais vu la difficulté des chemins dans la montagne, je ne pourrai songer à me mettre en route que lorsque deux ou trois jours de beau temps les auront rendus praticables.

2 février. — Le temps s'améliorant, il est probable que je pourrai partir demain; en attendant, je fais des pointes de quelques kilomètres, tout autour de l'établissement militaire français.

L'Oued Moudenin, profondément raviné, permet, sur plusieurs points, de voir et d'étudier les couches inférieures qui sont formées par un grès rouge, lie de vin, rarement gris ou blanchâtre, en bancs puissants, bien stratifiés, quelquefois en tablettes fissiles; les éléments en sont plus ou moins fins ou grossiers, souvent assez argileux; d'autres fois ils sont très durs et passent aux grès lustrés. Autour de Moudenin, ces grès rouges ont été fortement atteints par de puissantes érosions alluvionnaires, qui font qu'en certains points on n'en trouve plus que des témoins. C'est un ensemble très homogène, ayant une inclinaison de quelques degrés vers le NO.

Quel est l'âge de cette formation? Peut-on, doit-on la rattacher, ce qui est probable, aux marnes et grès rouges de Bir-Sidi-ben-Ahmar et à ceux du Djebel Rgigila? Ils seraient alors jurassiques ou même antéjurassiques, mais ceci sous toutes réserves.

Au-dessus (dans la région de Moudenin), de puissants dépôts, éminemment détritiques de charriage, des poudingues à gros éléments, des argiles plus ou moins bariolées, des sables gypsifères et même des gypses exploités pour les besoins de la bâtisse locale; pour moi, ces gypses sont, ou les restes d'une couche remaniée sur place, ou proviennent de la formation gypseuse reconnue si puissante sur le revers Est du massif de Tataouïn.

Il y a quelques années, la limite nord de l'aire du Thala (*Acacia tortilis*) préoccupait fort les botanistes algériens et tunisiens; le regretté Cosson avait chargé M. Dybowski d'étudier sur place cette question; je ne sais quels ont été les résultats des observations du savant explorateur, mais je crois qu'il n'est pas inutile de donner un petit renseignement que je tiens de M. Rébillet : il existe, sur la frontière tripolitaine même, un Thala fort gros, isolé, à Orf-Thala, au sud de Moudenin.

De Moudenin au Djebel Soninia.

Metameur ou *Ksar-el-Metameur*, 3 février. — Je suis enfin parti de Moudenin après déjeuner; mon convoi se compose de deux chameaux avec leurs conducteurs et de deux cavaliers d'escorte; pour arriver à Ksar-el-Metameur, j'ai eu à traverser un plateau rocailleux, sans végétation, for-

tement ondulé, profondément entamé par des Oued sans eau; le cailloutis
et les nappes rocheuses sonores sont, ce que j'ai souvent constaté, la
«Tafaize» des Arabes, sorte de tuf devenant fort dur à l'air et provenant
de la sélection des éléments calcaires du sous-sol par voie d'endosmose,
comme l'a si ingénieusement deviné M. Pomel.

Depuis la création de l'important établissement militaire de Moudenin,
le poste de Ksar-el-Metameur n'a plus guère sa raison d'être; il est presque
abandonné, ainsi que le petit Ksar qui l'avoisine; il a été pendant plusieurs années le point le plus avancé, vers le Sud, de notre occupation, et
c'est de là qu'en 1887, un jeune médecin militaire, M. le Dr Carton,
envoyait une note intéressante à la Société géologique du Nord[1].

De Ksar-el-Metameur au massif du Djebel Tadjera où l'on a installé
un poste optique en relations avec celui du Tlalet et celui du Djebel Dina
près Gabès, on est constamment sur la carapace de la «Tafaize», si
désagréable pour la marche; à la base de la montagne, on voit des grès
rouges de même apparence que ceux de Moudenin, puis des dolomies(?),
des calcaires gréseux et des calcaires en bancs puissants; vers le haut, ces
calcaires se chargent de nombreux rognons de silex, souvent en nappes; le
pendage des couches est d'environ 25 degrés vers l'Ouest. Je n'ai exploré
que la partie Nord et n'ai point été jusqu'au poste optique; cela m'aurait
demandé au moins deux heures que du reste je n'avais pas devant moi et
je n'aurais probablement rien appris.

A quel étage appartient ce petit massif assez isolé? Je n'y ai trouvé
aucun fossile; M. Carton, qui l'a plusieurs fois exploré, n'a pas été plus
heureux que moi; je remarque seulement que ces silex en rognons et en
nappes se rencontrent souvent dans le Turonien d'Algérie, à Laghouat,
à Djelfa, etc.

Djebel Soninia, 4 février. — Malgré les menaces sérieuses du temps,
je me dirige vers le territoire des Matmata, mais sans goût, par simple
esprit de devoir. Nous faisons les vingt premiers kilomètres dans une
plaine sableuse, douce au marcher, mais monotone; puis nous abordons
la petite chaîne du Djebel Soninia que nous traversons par un col peu
élevé et au Nord duquel nous campons.

Dans la montagne il pleut; ici il pleuvasse, il vente et le ciel a bien
mauvaise apparence; tant pis, je suis en route, il n'y a plus à reculer.
J'ai gravi le petit chaînon au SE; il est formé de calcaires très durs, en
bancs épais, qui me semblent stériles en restes organisés; au sommet,

---

[1] *Annales de la Société géologique du Nord*, tome XV, p. 41; séance du 7 décembre
1887.

un filon de barytine; je suis ici aussi indécis que je l'étais hier devant le Djebel Tadjera.

5 février. — La nuit, comme il était à craindre, a été fort mauvaise; hier soir, à 4 heures, l'orage a éclaté, débutant par une forte grêle; puis la pluie, un grondement perpétuel répercuté et grossi par les échos de la montagne; le ciel est en feu et les éclairs tellement rapprochés qu'on y pourrait lire sous ma tente; il a plu toute la nuit, tout est mouillé dedans presque autant que dehors; le temps est noir et menaçant de tous les côtés; pas moyen d'avancer, ni même de reculer, car les petits Oued que nous traversions facilement hier sont devenus torrents; le bois, heureusement, est abondant ici et je fais faire des feux monstres.

5 février, 4 heures. — La pluie a cessé, mais le vent persiste, chassant de gros vilains nuages noirs qui semblent lécher furieusement la montagne; je viens de faire une pointe sur le chaînon qui est au NE de mon campement, c'est identique à ce que j'ai vu hier : des calcaires plus ou moins dolomitiques forment l'ossature de cette petite montagne et ne disent absolument rien de leur âge, discrétion désolante! Des tufs sableux rougeâtres, que je dois, paraît-il, trouver si puissants chez les Matmata, se montrent déjà fort développés, dans les vallées, les dépressions; ils atteignent une assez grande altitude; produits détritiques remaniés par les vents et les eaux, ils sont sans stratification ou au moins elle est très confuse; ils ont une grande tendance à s'agréger, à se colmater et deviennent très consistants; leur formation est continuelle, je pourrais dire continue; à Tataouïn, après une période de grands vents ayant accumulé dans certains endroits abrités les apports détritiques empruntés aux montagnes voisines, vents suivis de quelques pluies, j'ai pu constater un dépôt déjà solidifié, de quelques centimètres d'épaisseur.

Ce genre de dépôt est très fréquent dans toute la Tunisie; c'est, je crois, lui qui forme la plaine au Nord du Cherichira jusqu'au Djebel Trozza; là, il est extrêmement puissant et les Oued s'y creusent de très profonds couloirs, aux parois verticales; on en trouve des lambeaux formant terrasses sur le versant Nord du Djebel Trozza.

On en voit aussi de nombreux exemples dans la presqu'île du cap Bon, dans le massif montagneux d'Hammamet où il englobe beaucoup de coquilles terrestres d'espèces encore vivantes.

Je pense qu'on peut lui appliquer le nom de Loëss, dont il a à peu près tous les caractères.

C'est dans ce Loëss que les Matmata troglodytes se creusent leurs curieuses habitations.

Ce n'est que demain matin que je pourrai prendre une décision pour la direction à suivre : continuerai-je vers les Matmata ou gagnerai-je

Gabès directement, et ce directement comporte encore trois bonnes étapes; le soleil couchant me montre dans la montagne, du côté de Zmerten, les larges taches blanches d'une neige tombée pendant l'orage de la nuit; Zmerten, il est vrai, est à 640 mètres d'altitude, mais le plateau des Matmata, que je désire explorer, n'est guère moins élevé.

6 février. — La pluie a recommencé cette nuit et continue ce matin, pluie fine, pénétrante; les nuages sont si bas qu'on voit à peine la montagne. Mon expédition est décidément manquée, ou tout au moins ajournée, car je ne saurais attendre plus longtemps ici dans d'aussi mauvaises conditions d'existence. Je vais me mettre en route et tâcherai d'aller coucher à Mareth.

Du Djebel Soninia à Gabès.

Mareth, 6 février. — Je suis arrivé ici à 3 heures dans un piteux état, la pluie n'ayant pas cessé de tomber et cela pendant 24 kilomètres faits péniblement, à pied, suivant ma coutume; je vais pouvoir ici me sécher et me reposer; l'étape de demain sera très longue, désirant aller coucher à Gabès.

Gabès, 10 février. — J'ai quitté Mareth le 7 et je suis arrivé le jour même à Gabès, ayant fait environ 36 kilomètres, mais, je l'avoue, très fatigué; je me suis de suite couché, ayant la fièvre, et ce n'est que ce matin que je me suis trouvé mieux.

Je reçois une lettre de la Résidence, me priant, en termes aussi aimables que flatteurs, de ne pas aller pour le moment, pour des motifs diplomatiques, jusqu'à Rhadamès; il est vrai que j'avais eu un instant cette intention et que j'y étais poussé, inofficiellement, par l'autorité militaire; mais j'y avais complètement renoncé, vu les difficultés d'une expédition qui, pour être fructueuse en résultats, devait être soigneusement étudiée, préparée.

J'ai été fort aimablement reçu par le général Allegro, gouverneur de l'Aradh, que je n'avais pu rencontrer lors de mon premier passage à Gabès; plus parisien que tunisien, connaissant fort bien la région qu'il est censé administrer, ayant sur les indigènes un prestige réel, il a pu, lors de l'occupation française, rendre à notre cause d'importants services. Il est, malheureusement, devenu presque complètement aveugle.

11 février. — M. le lieutenant de Larminat, attaché au service des renseignements, a bien voulu me confier une très intéressante monographie de la région des Matmata troglodytes, avec nombreux plans, vues, croquis recueillis par lui, l'année dernière, pendant un séjour d'un

mois dans le pays; les habitations sont creusées, comme je le pensais, dans ce tuf jaune rougeâtre que j'ai tant de fois observé dans la Régence et que j'assimile au Loëss.

J'aurais été heureux de reproduire ici quelques lignes du travail de M. de Larminat; malheureusement le cadre un peu étroit qui m'est imposé ne le permet pas.

Un télégramme brutal m'apporte de mauvaises nouvelles des miens; je me décide à quitter Gabès par le premier bateau pour regagner Tunis et de là la France.

Tunis.

Tunis, 22 février. — J'avais pris le bateau de la Compagnie transatlantique *le Kléber*, pour aller à Tunis; il devait toucher à Tripoli et à Malte; ces escales n'étaient pas faites pour me déplaire, mais je n'en ai guère profité; à Tripoli, la mer était trop mauvaise pour pouvoir débarquer, et à Malte, une pluie diluvienne m'a presque tout le temps retenu à bord; je ne suis arrivé à Tunis que le 20 février et assez fatigué.

24 février. — Je tenais à revoir le Djebel Bou-Kourneïn que lors de ma première mission, en 1887, j'avais pressenti comme devant être jurassique[1], au moins en partie, et cela, malgré l'autorité de M. Pomel[2]; en effet, M. Aubert y avait plus tard découvert une zone oxfordienne, assez riche en espèces très caractéristiques.

M. Gauthier, contrôleur des mines à Tunis, avait bien voulu me guider; j'ai pu suivre pendant plusieurs kilomètres une couche rouge à rognons assez semblable à la couche oxfordienne du Zaghouan; on peut la prendre tout de suite au-dessus du marabout du village d'Hammam-el-Lif; il faut une certaine attention pour ne pas la perdre, car elle a de fréquents ressauts; les fossiles y sont nombreux, mais généralement assez mauvais; je n'y ai recueilli que des Céphalopodes : *Belemnites, Ammonites, Aptychus, Rhynchotenthys.*

Les couches supérieures à ce niveau seraient, paraît-il, tithoniques.

Excursion à Monastir.

1er mars. — M. le commandant Rébillet m'avait signalé un très beau gisement tertiaire dans les îlots au Nord de Monastir; je me suis décidé à aller l'explorer; j'ai pris le bateau qui m'a conduit à Sousse, et là une voiture jusqu'à Monastir; ces îlots sont séparés de la terre ferme par un

---

[1] Le Mesle, *Journal de voyage d'une Mission géologique en Tunisie en* 1887, p. 8.
[2] Pomel, *Géologie de la côte orientale de Tunisie.*

étroit goulet de moins de 100 mètres; ils sont composés par une mollasse
compacte, tenace, dans laquelle on peut voir beaucoup, mais peu recueillir; il faudrait, pour faire ample moisson, séjourner là cinq ou six jours et
avoir plusieurs ouvriers à sa disposition, car les fossiles, fort beaux du
reste, sont très difficiles à dégager; les Mélobésies dominent; puis de
nombreux *Pecten*, dont *P. latissimus* énorme, de grosses *Ostrea* semblables à celles du cap Bon, de grands Spondyles épineux, des Balanes,
Clypeaster Ægyptiacus Wright, *Psammechinus* sp. nov., *Arbacina* sp. nov., etc.
Le plongement de ces couches est vers l'Est; elles se retrouvent sur la
côte, avec le même facies, après la douane.

<h3 align="center">Voyage à Gabès, retour à Tunis,
départ pour la France.</h3>

5 mars. — Au commencement de novembre, les journaux de Tunis
annonçaient la chute récente d'un aérolithe près de Gabès; cet article,
ayant été reproduit par la presse parisienne, fit un certain bruit dans le
monde savant; M. Daubrée, me sachant en Tunisie, me fit prier de faire
une enquête à ce sujet et de me procurer, coûte que coûte, ce bolide, en
tout ou en partie.

Mon premier soin, en arrivant à Gabès, fut de m'informer du fait
dans lequel j'avais peu de foi. M. Sicard, agent consulaire de France,
me communiqua un procès-verbal officiel du commissaire de police de
Gabès constatant «qu'une pierre tombée du ciel, pendant un violent
orage, sur un bateau de pêche qui s'était mis à l'abri dans un petit
Oued des environs, y avait occasionné des dégâts importants, brûlant
une voile», etc.

Quant à la pierre, pièce à conviction, elle était «grosse comme les
deux poings, à surface noirâtre et avait été envoyée à Tunis, à la Résidence». Il y avait donc quelque chose de vrai, attesté officiellement,
mais, je ne sais pourquoi, malgré les détails minutieux qui me sont
donnés, ce bolide me semble suspect, et avant tout, il fallait l'examiner;
le plus petit fragment aurait pu m'édifier.

À mon retour à Tunis, j'appris que cet aérolithe, déposé à la Résidence, avait passé dans les mains de M. Bourde, qui l'avait remis au bureau
des essais, en vue d'études; là j'eus grand'peine à en obtenir communi-
cation; il avait été brisé en quatre fragments pour être analysé et était
déclaré bolide authentique et prêt à être exposé comme tel dans le musée
beylical, dont il devait faire l'ornement; or c'était un silex roulé à patine
noirâtre, à pâte jaune clair, n'ayant rien de l'apparence d'un aérolithe,
mais tout à fait celle d'un simple galet et, pour confirmer mon apprécia-

tion, ma loupe me permit de reconnaître, sur la surface, des traces de corps marins et. entre autres, une serpule.

La cause était entendue; et cependant je ne crois pas à une mystification; la chute de la foudre sur ou près du bateau de pêche a pu y faire ressauter un galet de silex de la plage, sur laquelle il était échoué; ces galets de silex sont très communs dans les Oued de la région; ils proviennent des petites chaînes à l'Ouest de Moudenin où j'ai pu les voir en place.

Je ne suis plus en état d'entreprendre de nouvelles explorations et me décide à partir demain pour la France.